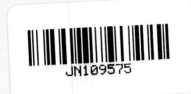

\ 見よう、せまろう、とびだそう！ /

しぜんガイドブック
里山《さとやま》のかんさつ

文《ぶん》・写真《しゃしん》　林《はやし》 将之《まさゆき》

はじめに

しぜんかんさつって、どんなことをすると思《おも》いますか？
ただ、しぜんを「見《み》る」ことがかんさつではありません。
じっくり見《み》たり、さわったり、においをかいだり、分解《ぶんかい》したり、
いろいろなことをするのが「かんさつ」なのです。楽《たの》しそうでしょう？
でも、何《なに》からはじめればいいのでしょう？
どこにいけば、生《い》きものを見《み》つけられるのでしょう？
この本《ほん》は、みなさんがしぜんかんさつをかんたんに楽《たの》しむための
ヒントを教《おし》えるガイドブックです。

ほるぷ出版

しぜんかんさつのコツ

里山編《さとやまへん》

いちばん大切《たいせつ》なことは、ゆっくり歩《ある》くこと

それも、すごくゆっくり歩《ある》くことです。すごくゆっくり歩《ある》くと、まわりをじっくり見回《みまわ》すことができるので、それまで気《き》づかなかったことがいっぱい見《み》えてきますよ。

小人《こびと》の目線《めせん》で見《み》る

ぼんやりけしきを見《み》ているだけでは、生《い》きものはなかなか見《み》つかりません。小人《こびと》になった気持《きも》ちで、目線《めせん》をひくくしたり、草《くさ》の上《うえ》、木《き》の幹《みき》などを歩《ある》いているつもりで、じっくり見《み》てみましょう。そこには、小《ちい》さな虫《むし》や植物《しょくぶつ》たちの世界《せかい》が広《ひろ》がっているはずです。

五感《ごかん》を使《つか》って、いじってみる

何《なに》か生《い》きものやふしぎなものを見《み》つけたら、見《み》るだけではなく、少《すこ》しいじってみましょう。ぼうでつついたり、あぶなくなければ手《て》でさわってみたり、分解《ぶんかい》してみたり。おもしろい動《うご》きをしたり、意外《いがい》なさわりごこちがあったり、においがあったりと、五感《ごかん》を使《つか》うことで、さまざまな発見《はっけん》や親《した》しみがふえます。

遊《あそ》び心《こころ》をもとう

しぜんかんさつは、楽《たの》しんでおこなうものです。遊《あそ》び心《ごころ》をもって、いろんなことをやってみましょう。たとえば、草《くさ》むらにねっころがってみたり、はだしになってみたり、葉《は》っぱを使《つか》ったゲームを考《かんが》えてみたり。そんな中《なか》に、新《あたら》しい発見《はっけん》があるものです。

里山《さとやま》のしぜんかんさつマップ

里山《さとやま》とは、人《ひと》の生活《せいかつ》に利用《りよう》されている山《やま》や林《はやし》をはじめ、そのまわりの田《た》んぼや畑《はたけ》が広《ひろ》がる地《ち》いきのことです。人《ひと》が出入《でい》りするいろいろなかんきょうに、さまざまな生《い》きものがすんでおり、しぜんかんさつをするのに最高《さいこう》の場所《ばしょ》です。

7ページ

人工林《じんこうりん》

人《ひと》がスギやヒノキなどを植《う》えてつくった林《はやし》。

10ページ

林《はやし》のまわり

動物《どうぶつ》も植物《しょくぶつ》も多《おお》くの種類《しゅるい》が見《み》られ、明《あか》るくかんさつもしやすい。

18ページ

雑木林《ぞうきばやし》

里山《さとやま》を代表《だいひょう》する林《はやし》。コナラやクヌギなどいろいろな木《き》が生《は》え、カブトムシも見《み》つかる。

32ページ

田《た》んぼ

オタマジャクシやゲンゴロウ、ホタルなど、水辺《みずべ》の生《い》きものがいろいろ見《み》られる。

6ページ

原生林《げんせいりん》

人《ひと》が手《て》を入《い》れていない、本来《ほんらい》の自然《しぜん》の林《はやし》。山《やま》おくに見《み》られる。

7ページ

マツ林《ばやし》

尾根《おね》やかわいた場所《ばしょ》に多《おお》く、ツツジやキノコがよく生《は》える。

7ページ

竹林《ちくりん》

タケだけがまとまって生《は》えていて、それ以外《いがい》の生《い》きものは少《すく》ない。

社寺林《しゃじりん》

7ページ

しぜんがよくのこった林《はやし》で、シイやカシが多《おお》い。アリジゴクやフクロウがすんでいることも多《おお》い。

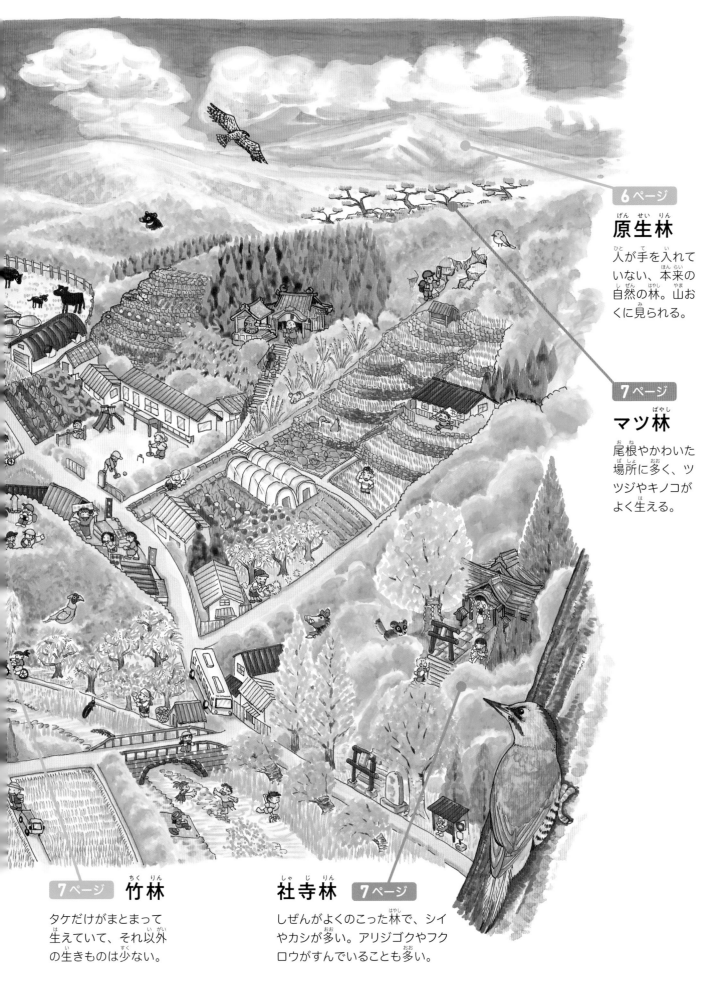

里山《さとやま》を知《し》ろう

林《はやし》の種類《しゅるい》

里山《さとやま》には、いろいろな種類《しゅるい》の林《はやし》があります。どの林《はやし》に生《い》きものが多《おお》く、どんな特《とく》ちょうがあるのか知《し》っておくと、しぜんかんさつをするときに役立《やくだ》ちます。

雑木林《ぞうきばやし》

まきや炭《すみ》を作《つく》るために、人《ひと》が昔《むかし》から木《き》を切《き》ってきた林《はやし》です。コナラやクヌギをはじめ、サクラ、カエデ、シデ、ミズキなど、いろいろな木《き》が生《は》えています。生きものの種類《しゅるい》が多《おお》く、ひかくてき明《あか》るい林《はやし》です。

原生林《げんせいりん》

昔《むかし》から人《ひと》が手《て》を入《い》れていない、自然《しぜん》のままの林《はやし》で、里山《さとやま》より山《やま》おくに見《み》られます。ブナやミズナラなどの大木《たいぼく》が多《おお》く、さまざまな生《い》きものがすんでいます。

社寺林《しゃじりん》

神社《じんじゃ》やお寺《てら》のまわりは、神《しん》せいな森《もり》として守《まも》られ、シイ、カシ、タブノキなどの木《き》が多《おお》く見《み》られます。うっそうとした暗《くら》い林《はやし》で、「ちん守《じゅ》の森《もり》」ともよばれます。

人工林《じんこうりん》

木材《もくざい》を生産《せいさん》するために人《ひと》が植《う》えた林《はやし》です。幹《みき》がまっすぐなスギ（写真《しゃしん》）やヒノキが多《おお》く植《う》えられています。林《はやし》の中《なか》は暗《くら》く、生《い》きものは少《すく》なめです。

マツ林《ばやし》

人《ひと》が植《う》えたマツ林《ばやし》と、自然《しぜん》のマツ林《ばやし》があり、見《み》た目《め》はほとんど同《おな》じです。生《い》きものはやや少《すく》なめですが、ひかくてき明《あか》るく、マツ林《ばやし》を好《この》む生《い》きものもいます。

竹林《ちくりん》

たけのこや竹《たけ》をとるために人《ひと》が植《う》えた林《はやし》です。竹林《ちくりん》の中《なか》は落《お》ち葉《ば》があつくつもり、ほかの植物《しょくぶつ》はほとんど生《は》えず、動物《どうぶつ》もほとんど見《み》かけません。

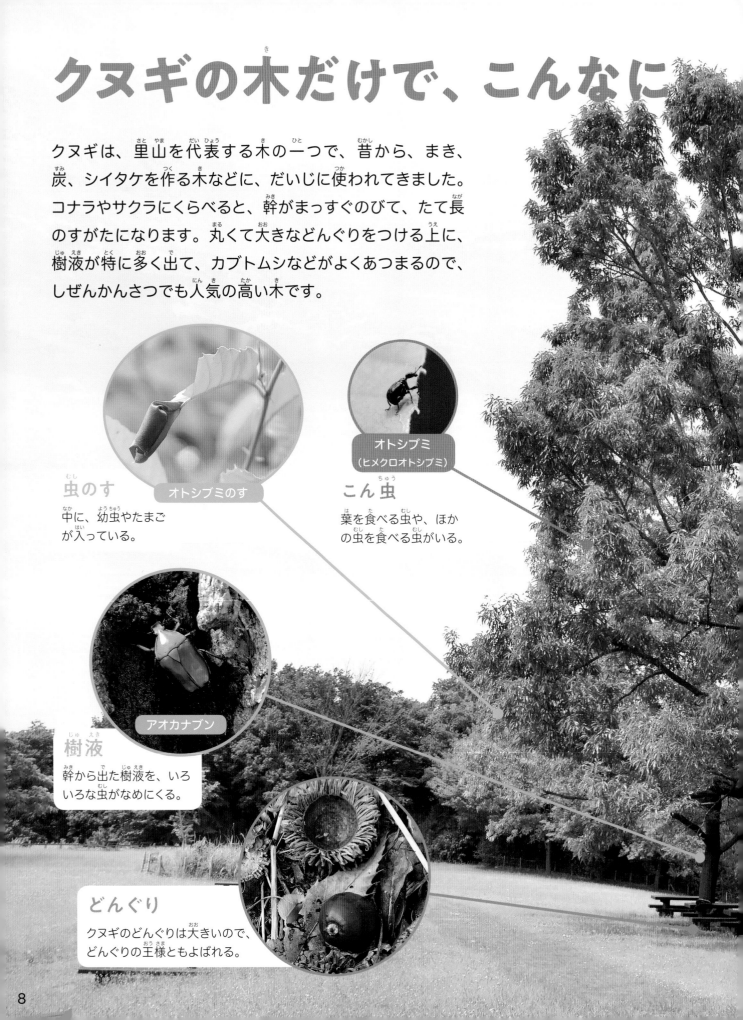

クヌギの木《き》だけで、こんなに

クヌギは、里《さと》山《やま》を代《だい》表《ひょう》する木《き》の一《ひと》つで、昔《むかし》から、まき、炭《すみ》、シイタケを作《つく》る木《き》などに、だいじに使《つか》われてきました。コナラやサクラにくらべると、幹《みき》がまっすぐのびて、たて長《なが》のすがたになります。丸《まる》くて大《おお》きなどんぐりをつける上《うえ》に、樹《じゅ》液《えき》が特《とく》に多《おお》く出《で》て、カブトムシなどがよくあつまるので、しぜんかんさつでも人《にん》気《き》の高《たか》い木《き》です。

オトシブミのす

虫《むし》のす

中《なか》に、幼《よう》虫《ちゅう》やたまごが入《はい》っている。

オトシブミ
（ヒメクロオトシブミ）

こん虫《ちゅう》

葉《は》を食《た》べる虫《むし》や、ほかの虫《むし》を食《た》べる虫《むし》がいる。

アオカナブン

樹《じゅ》液《えき》

幹《みき》から出《で》た樹《じゅ》液《えき》を、いろいろな虫《むし》がなめにくる。

どんぐり

クヌギのどんぐりは大《おお》きいので、どんぐりの王《おう》様《さま》ともよばれる。

たくさんの生《い》きものが！

鳥《とり》

木《き》についた虫《むし》を食《た》べに来《く》る。花《はな》やどんぐりを食《た》べる鳥《とり》もいる。

シジュウカラ

シジミチョウの幼虫《ようちゅう》

イモムシ

チョウやガの幼虫《ようちゅう》で、葉《は》を食《た》べる。

どんぐりの赤《あか》ちゃん

クヌギのどんぐりは、2年《ねん》かけてじゅくす。

毛虫《けむし》

枝葉《えだは》や幹《みき》の上《うえ》で見《み》つかる。

カシワマイマイの幼虫《ようちゅう》

ミノムシ

ガの幼虫《ようちゅう》が中《なか》に入《はい》っていた。

ミノガの幼虫《ようちゅう》のす

林《はやし》のまわり

林《はやし》のまわり（林縁《りんえん》）は、日《ひ》がよく当《あ》たり、植物《しょくぶつ》がよく育《そだ》つので、虫《むし》やトカゲなどさまざまな動物《どうぶつ》が多《おお》く見《み》られる場所《ばしょ》です。

生《い》きものさがしのポイント

1 林《はやし》の横《よこ》を通《とお》る道《みち》や、林《はやし》と草《くさ》むらのさかいの部《ぶ》分《ぶん》は、生《い》きものが一番《いちばん》多《おお》くてかんさつしやすい場所《ばしょ》なので、じっくりさがしながら歩《ある》こう。

2 ヤブから出《で》た葉《は》の上《うえ》やうらに、こう虫《ちゅう》やバッタ、イモムシなどがいることが多《おお》いよ。

3 日《ひ》が当《あ》たる場所《ばしょ》ほど、花《はな》がよくさき、実《み》もよくつくので、チョウやハナムグリなどの虫《むし》や、木《き》の実《み》を食《た》べる鳥《とり》もよくあつまるよ。

林《はやし》のまわりで、どんな虫《むし》や植物《しょくぶつ》をかんさつできるかな？
何《なに》を食《た》べている生《い》きものか、わかるかな？
見《み》つかった生《い》きものをならべてみました。

動物《どうぶつ》

シャクトリムシ（ヒロオビトンボエダシャクの幼虫《ようちゅう》）
木《き》の上《うえ》から糸《いと》でぶら下《さ》がっていた

ハナアブ（オオハナアブ）
花《はな》に来《く》るアブ。ハチににるがささない

ベニボタル（クシヒゲベニボタル）
赤《あか》と黒《くろ》の体《からだ》で目《め》立《だ》つけど、光《ひか》らない

イナゴ（コバネイナゴ）
明《あか》るい草《くさ》むらでよく見《み》られる

カラスアゲハ
クサギの花《はな》にみつをすいに来《き》ていた

ハナムグリ（コアオハナムグリ）
花《はな》にもぐって花《か》ふんやみつを食《た》べる

タマムシ
にじ色《いろ》に光《ひか》る虫《むし》。出《で》あえたらラッキー

カナヘビ
日《ひ》なたぼっこが好《す》きなトカゲの仲間《なかま》

ウサギ（ノウサギ）
運《うん》がいいと草《くさ》むらなどで見《み》られる

植物《しょくぶつ》

イタドリ
道《みち》ばたに多《おお》い草《くさ》で、くきが少《すこ》し赤《あか》い

クズ
3まいセットの大《おお》きな葉《は》のつる植物《しょくぶつ》

ヤブガラシ
5まいセットの葉《は》のつる植物《しょくぶつ》

虫《むし》をつかまえる

虫《むし》を見《み》つけたら、つかまえられそうならつかまえてみよう。つかまえることで、虫《むし》の動《うご》き方《かた》がわかり、じっくりかんさつできる。手《て》でつかまえられる虫《むし》もたくさんいるよ。

虫《むし》は葉《は》のうらにいることも多《おお》いよ。

★葉《は》にいる虫《むし》

葉《は》のうらに虫《むし》を発見《はっけん》！ 虫《むし》はきけんを感《かん》じると、とんだり落《お》ちたりすることが多《おお》いので、上《うえ》と下《した》から手《て》を近《ちか》づける。

さっと両手《りょうて》ではさむようにつかまえよう。

そっと手《て》をひらくと、中《なか》にゾウムシが入《はい》っていたよ！

つかまえられるとうれしいね。
手《て》の上《うえ》でよくかんさつしてみよう。

★チョウ

アゲハチョウが花《はな》のみつをすっている！ 食事《しょくじ》にむ中《ちゅう》になっているときは、つかまえるチャンス。

手《て》をのばして、さっとつかまえたよ！ かた手《て》ではねをつかんでもいいし、両手《りょうて》でつつみこむようにつかまえてもいい。

チョウのはねは、こな（鱗粉《りんぷん》）におおわれているから、水《みず》をはじく。

★バッタ

小《ちい》さなバッタは、両手《りょうて》でつつんでつかまえることもできる。大《おお》きなバッタは足《あし》にトゲがあるものや、かみつくものもいるので注意《ちゅうい》。

★カマキリ

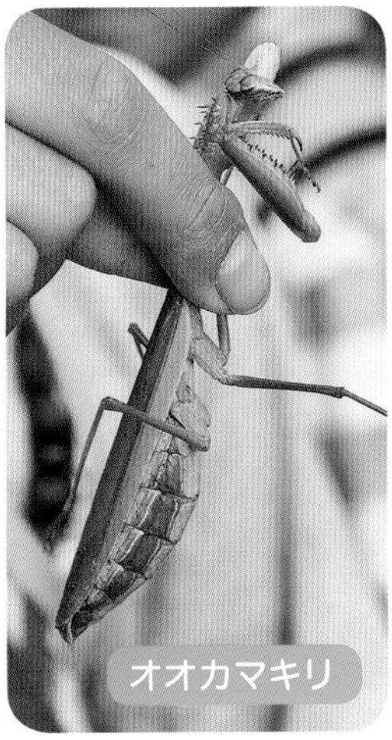

むねとおなかのさかいを持《も》ってつかまえる方法《ほうほう》もあるけど、トゲのあるカマではさまれることがあるので、手《て》の上《うえ》にそっとのせるほうがかんたん。

注意《ちゅうい》

手《て》でつかまないほうがいい虫《むし》

◆カメムシ、ゴミムシ、ツチハンミョウなど、くさいにおいや毒《どく》を出《だ》す虫《むし》。**◆シデムシ**（27 ページ）など体《からだ》がくさい虫《むし》。**◆キリギリス**（15 ページ）、**サシガメ**など、かんだりさしたりする虫《むし》。**◆有毒《ゆうどく》の毛虫《けむし》**や**ハチ**など、きけんな虫《むし》（39 ページ）。

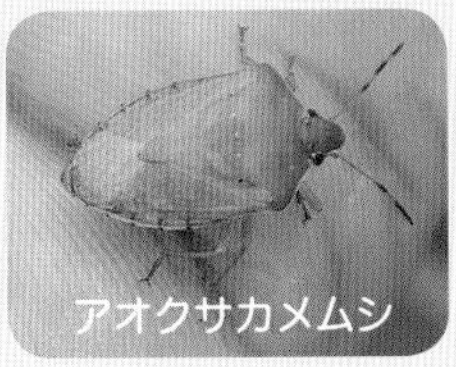

ゴミムシは、てきにくさい液体《えきたい》をかけて身《み》を守《まも》る。

鳴《な》き声《ごえ》や音《おと》で見《み》つける

生《い》きものの鳴《な》き声《ごえ》や物音《ものおと》がしたら、何《なに》がいるのかさがしてみよう。鳥《とり》や鳴《な》く虫《むし》は、近《ちか》づくとすぐににげたり、鳴《な》くのをやめてしまうので、見《み》つけにくいけど、鳴《な》き声《ごえ》を覚《おぼ》えておけば、何《なに》がいるかわかる。そうがんきょうがあれば、鳥《とり》はずっとかんさつしやすくなるよ。

この大《おお》きな声《こえ》は、何《なん》の鳴《な》き声《ごえ》？

どこから聞《き》こえたのだろう？　あ、草《くさ》むらの中《なか》で何《なに》か動《うご》いている！

長《ちょう》いおをもつ大《おお》きな鳥《とり》。特《とく》にオスは色《いろ》あざやか。

ん？ 何《なに》か木《き》の上《うえ》でつつくような音《おと》が聞《き》こえるぞ？

ほら、あの細《ほそ》いえだで何《なに》か動《うご》いている！

スズメぐらいの小《ちい》さなキツツキ。虫《むし》をさがしているのだろう。

いろんな鳥《とり》や虫《むし》の鳴《な》き声《ごえ》

ウグイス

声《こえ》は大《おお》きくきれいだが、すがたは地味《じみ》で見《み》つけにくい。

キジバト

ユニークな鳴《な》き声《ごえ》で覚《おぼ》えやすい。地面《じめん》を歩《ある》くことも多《おお》い。

トンビ（トビ）

タカの仲間《なかま》で、空《そら》の高《たか》い所《ところ》をグライダーのようにとぶ。

ホトトギス

「特《とっ》許《きょ》許《きょ》可《か》局《きょく》」と聞《き》こえる大《おお》きな声《こえ》で、とびながらも鳴《な》く。

キリギリス

肉食《にくしょく》でススキなどの草《くさ》むらにすむ。昼《ひる》によく鳴《な》く。

ウマオイ

夏《なつ》〜秋《あき》の夜《よる》に草《くさ》むらで鳴《な》く。どく特《とく》の鳴《な》き声《ごえ》でおもしろい。

マツムシ

秋《あき》の夜《よる》に鳴《な》くコオロギの仲間《なかま》。すずのようにきれいな声《こえ》。

スズムシ

風《ふう》りんのようなすんだ声《こえ》で鳴《な》き、ペットにされることも多《おお》い。

食《た》べられる木《き》の実《み》

林《はやし》のまわりの明《あか》るい場所《ばしょ》には、食《た》べられる実《み》のなる木《き》がよく生《は》えている。実《み》がよくなる初夏《しょか》と秋《あき》に、さがしてみよう。ただし、有毒《ゆうどく》の植物《しょくぶつ》（17、38ページ）もあるので、わからない実《み》は食《た》べないようにしよう。

初夏《しょか》の実《み》
5~7月《がつ》

クワ

実《み》は赤《あか》から黒色《くろいろ》にじゅくし、黒《くろ》いほうがあまい。

キイチゴ

実《み》はあまずっぱく、オレンジや赤色《あかいろ》がある。

ウグイスカグラ

実《み》はだ円形《えんけい》で赤《あか》く、数《かず》は少《すく》ないけど、ほんのりあまい。

グミ

実《み》は赤色《あかいろ》で、ねっとりしてあまい。葉《は》のうらは銀色《ぎんいろ》。

秋《あき》の実《み》

9~11月《がつ》

ガマズミ

1㎝弱《じゃく》の赤《あか》い実《み》がよくつき、かなりすっぱい。

ナツハゼ

ブルーベリーの仲間《なかま》。実《み》は黒《くろ》く、あまずっぱい。

アケビ

ミツバアケビ

実《み》はじゅくすとわれる。タネが多《おお》いがとてもあまい。

ヤマブドウ

実《み》はブドウを小《ちい》さくした形《かたち》で、あまずっぱい。

注意《ちゅうい》 食《た》べられる植物《しょくぶつ》と有毒《ゆうどく》の植物《しょくぶつ》

植物《しょくぶつ》には、毒《どく》をもつものも多《おお》くある。**マムシグサ**の仲間《なかま》や**ヒヨドリジョウゴ**は、赤《あか》い実《み》でも有毒《ゆうどく》で食《た》べられないので注《ちゅう》意《い》しよう。また、山菜《さんさい》とよばれるタラノキやゼンマイは、若《わか》い芽《め》を天《てん》ぷらやおひたしにして食《た》べられるが、生《なま》だと苦《にが》くて食《た》べられない。かぶれる木《き》の**ヤマウルシ**のように、山菜《さんさい》によくにたきけんな植物《しょくぶつ》もあるので、くわしい知識《ちしき》がない人《ひと》が野《や》生《せい》の植物《しょくぶつ》を食《た》べるのはあぶない。

マムシグサ

ヒヨドリジョウゴ

タラの芽《め》（タラノキ）

ゼンマイ

ヤマウルシの芽《め》

雑《ぞう》木《き》林《ばやし》

雑《ぞう》木《き》林《ばやし》の中《なか》は、日《ひ》かげでも育《そだ》つ草《くさ》木《き》が生《は》えます。暗《くら》い場《ば》所《しょ》が好《す》きな虫《むし》や大《おお》型《がた》の動《どう》物《ぶつ》がすみ、かれ木《き》やキノコも多《おお》く見《み》られます。

生《い》きものさがしのポイント

1 目《め》の高《たか》さだけでなく、地《じ》面《めん》、空《そら》、しげみの中《なか》など、まずはいろんな方《ほう》向《こう》を見《み》てみよう。

2 キノコなら地《じ》面《めん》、虫《むし》なら葉《は》や幹《みき》の上《うえ》、鳥《とり》なら木《き》の上《うえ》など、見《み》つけたい生《い》きものが決《き》まっていれば、その方《ほう》向《こう》をよくさがしてみよう。

3 におい、鳴《な》き声《ごえ》、動《どう》物《ぶつ》の食《た》べあとなどで生《い》きものが見《み》つかることも多《おお》いので、五《ご》感《かん》をよくはりめぐらせよう。

雑木林《ぞうきばやし》には、どんな生《い》きものが見《み》られるのだろう？
注意《ちゅうい》してさがすと、かくれた虫《むし》や小《ちい》さな実《み》も見《み》つけられるよ。
雑木林《ぞうきばやし》で見《み》た生《い》きものをならべてみました。

動物《どうぶつ》

タテハチョウ（クロヒカゲ）
日《ひ》かげをとんでいることが多《おお》い

シャクトリムシ（シャクガの幼虫《ようちゅう》）
木《き》の枝《えだ》のふりをして、かくれている

カメムシ（アカスジキンカメムシ）
きれいなカメムシに出《で》あえばラッキー

カミキリムシ（ゴマダラカミキリ）
木《き》の幹《みき》や葉《は》の上《うえ》でよく見《み》つかる

クワガタ（コクワガタのメス）
木《き》の幹《みき》や地面《じめん》でよく見《み》つかる

ヤマガラ
木《き》の実《み》や毛虫《けむし》をさがしている

植物《しょくぶつ》

コナラ
雑木林《ぞうきばやし》に多《おお》い木《き》で、どんぐりがなる

ヤマザクラ
幹《みき》は横《よこ》すじがある。初夏《しょか》に実《み》がなる

ヤマツツジ
春《はる》に赤《あか》やピンクの花《はな》がさく低木《ていぼく》

ムラサキシキブ
秋《あき》にきれいなむらさき色《いろ》の実《み》がなる

ユリ（ヤマユリ）
初夏《しょか》に大《おお》きな花《はな》がさく。葉《は》は細《ほそ》い

ヤブレガサ
やぶれたカサのような葉《は》の草《くさ》

樹《じゅ》液《えき》にあつまる虫《むし》

夜《よる》、クヌギなどの幹《みき》から出《で》る樹《じゅ》液《えき》には、カブトムシやクワガタムシなど、たくさんの虫《むし》があつまる。では、どうすれば樹《じゅ》液《えき》にあつまる虫《むし》をかんさつできるのだろう？　まずは昼《ひる》間《ま》に樹《じゅ》液《えき》が出《で》る木《き》を見《み》つけておき、夕《ゆう》方《がた》や夜《よる》、朝《あさ》に何《なん》度《ど》も見《み》に行《い》くといいよ。

夜《よる》のクヌギの樹《じゅ》液《えき》

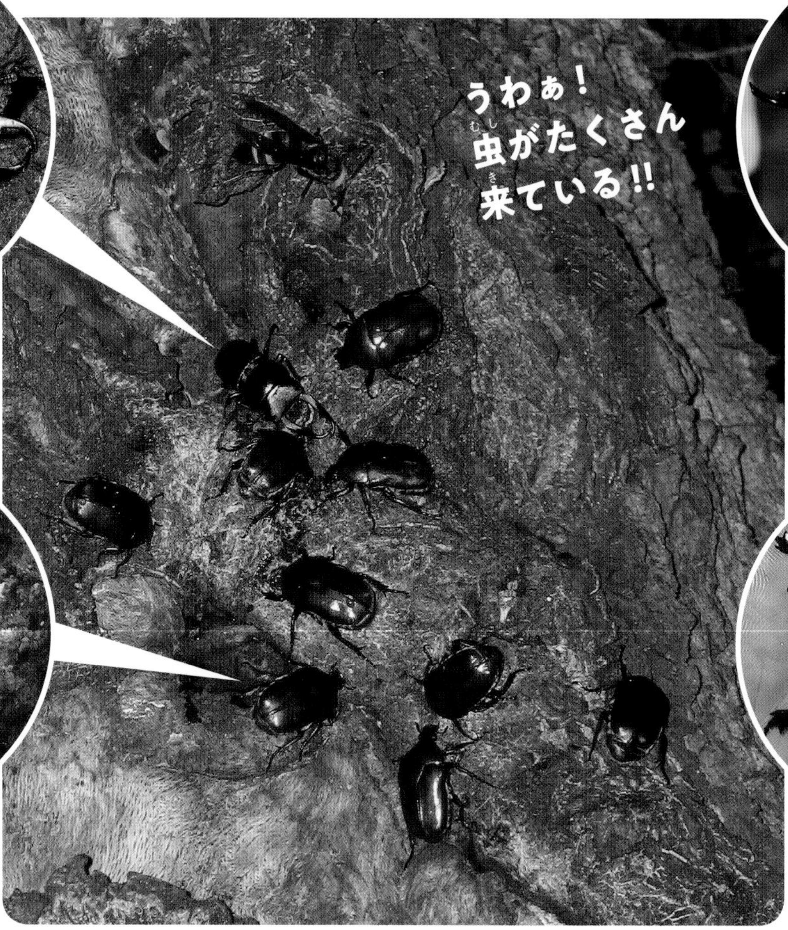

コクワガタ（オス）

クワガタのオスは大《おお》きなアゴをもつ。

カナブン

頭《あたま》をつっこんで樹《じゅ》液《えき》をなめている。

カブトムシ（オス）

オスはツノをもち、ほかの虫《むし》をなげとばす。

カブトムシ（メス）

メスはツノがない。

ノコギリクワガタ

アゴにギザギザが多《おお》い。

ヨツボシケシキスイ

赤《あか》い点《てん》が４つあるこう虫《ちゅう》。

ガ（キシタバ）

いろいろな種《しゅ》類《るい》が来《く》る。

ゴキブリ（ヤマトゴキブリ）

赤《あか》いほうは幼《よう》虫《ちゅう》。

樹液《じゅえき》の出《で》る木《き》のさがし方《かた》

まず、樹液《じゅえき》がよく出《で》る木《き》のクヌギとコナラの葉《は》や樹皮《じゅひ》を覚《おぼ》えよう。カミキリムシやボクトウガの幼虫《ようちゅう》がすんでいる場所《ばしょ》から樹液《じゅえき》が出《で》るので、どの木《き》でも出《で》るわけではないよ。昼《ひる》も樹液《じゅえき》をなめに来《く》るカナブンやスズメバチ、タテハチョウがとんでいたら、近《ちか》くで樹液《じゅえき》が出《で》ている可能性《かのうせい》が高《たか》い。樹液《じゅえき》はお酒《さけ》のようなあまいにおいがするので、においで気《き》づくこともあるよ。

葉《は》は細長《ほそなが》く、糸《いと》のようなギザギザがある。

クヌギ

クヌギの樹皮《じゅひ》はたてに深《ふか》くさけ、平《たい》らな部分《ぶぶん》はのこらない。

くぼみがあれば、樹液《じゅえき》が出《で》ているかも。

葉《は》はギザギザが目立《めだ》ち、先《さき》のほうが広《ひろ》い。

コナラ

コナラの樹皮《じゅひ》はたてにあさくさけ、平《たい》らな部分《ぶぶん》がよくのこる。

ぬれていたら、樹液《じゅえき》が出《で》ているかも。

樹液《じゅえき》の出《で》る木《き》は、明《あか》るい雑木林《ぞうきばやし》に多《おお》い。黄色《きいろ》い矢印《やじるし》の部分《ぶぶん》から樹液《じゅえき》が出《で》ており、カナブンやタテハチョウがいた。

カナブン

タテハチョウ
（サトキマダラヒカゲ）

注意《ちゅうい》 スズメバチに気《き》をつけよう！

スズメバチ（39ページ）は強《つよ》い毒《どく》をもつのできけん。樹液《じゅえき》をなめているときはひかくてき安全《あんぜん》だが、しげきをあたえたり、近《ちか》づきすぎたりしないこと。

オオスズメバチ

色《いろ》の意味《いみ》

高木《こうぼく》　草《くさ》　シダ
低木《ていぼく》　つる

おもしろい葉《は》っぱ

植物《しょくぶつ》の葉《は》っぱには、いろいろな形《かたち》や色《いろ》があるよ。ギザギザに切《き》れこむ葉《は》っぱ、細長《ほそなが》くとがる葉《は》っぱ、もようのある葉《は》っぱ……。雑木林《ぞうきばやし》でおもしろい葉《は》っぱをさがしてみよう。

こんなに見《み》つかったよ！

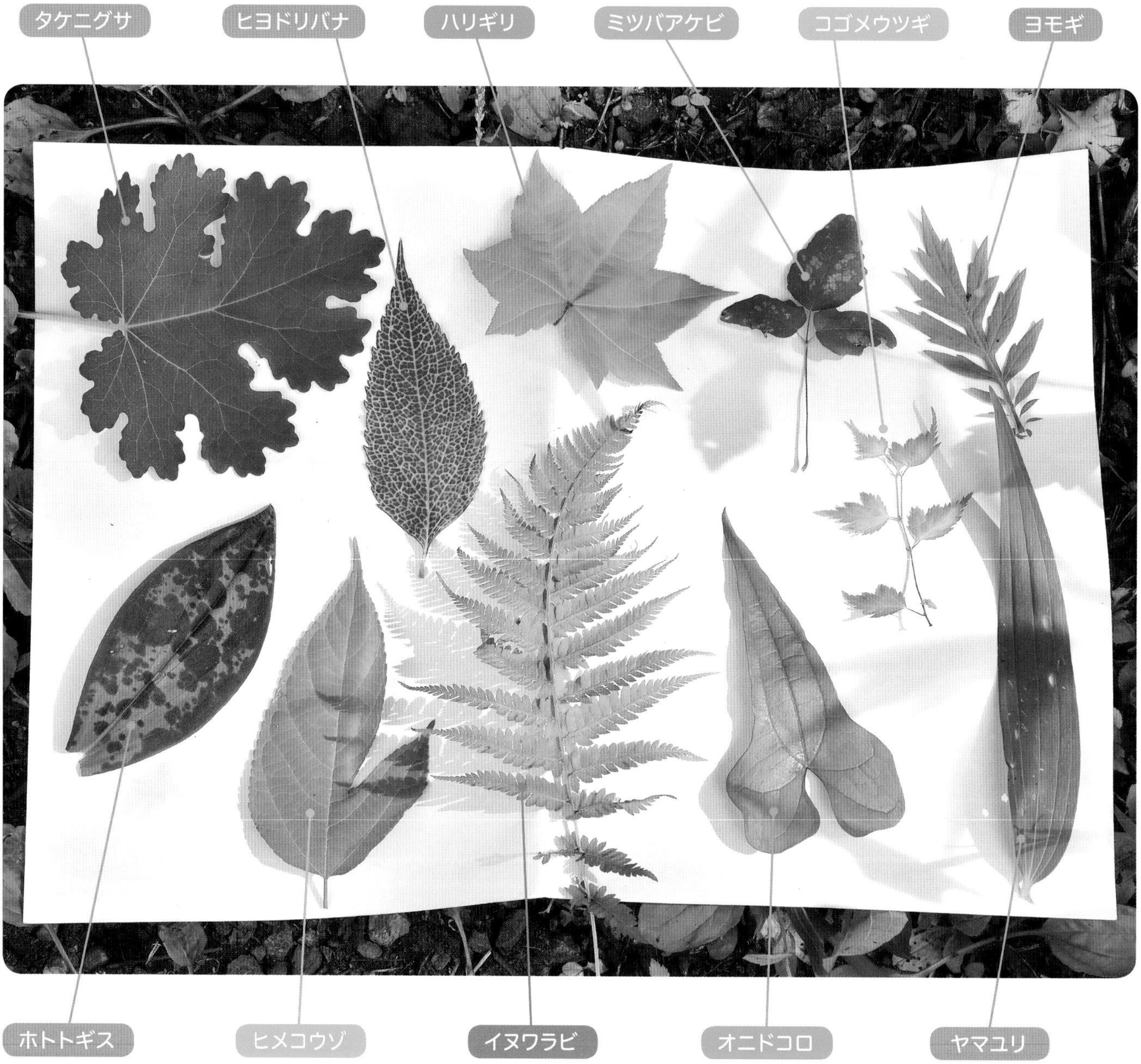

たった5分《ふん》さがしただけで、これだけの葉《は》っぱが見《み》つかった。なぜこんな形《かたち》をしているのだろう？　1本《ぽん》の木《き》や草《くさ》でも、ちがう形《かたち》の葉《は》っぱがあるのはなぜだろう？　かんさつしながら考《かんが》えてみよう。

里山《さとやま》の葉《は》っぱいろいろ

※このページの葉《は》は実物《じつぶつ》の約《やく》80%の大《おお》きさです。

葉《は》っぱの上《うえ》の変《へん》なもの

いろいろな葉《は》っぱをかんさつしていると、ときどき変《へん》なものがついていることがある。それは虫《むし》のしわざなのか、病《びょう》気《き》なのか、それともべつのものなのか？　手《て》にとって分《ぶん》解《かい》してみると、正《しょう》体《たい》がわかることが多《おお》いよ。里《さと》山《やま》の葉《は》っぱの上《うえ》で見《み》つけた変《へん》なものをしょうかいしよう。

あわのおうち？

木《き》のえだについたあわの中《なか》に、アワフキムシの幼虫《ようちゅう》がいた。

葉《は》っぱがイボだらけ！

イボのうらがわを見《み》ると、くぼんで毛《け》が生《は》え、小《ちい》さなダニがいた。

リンゴがささっている？

玉《たま》をわると中《なか》に幼虫《ようちゅう》がいた。小《ちい》さなハチが寄生《きせい》してできた虫《むし》こぶだ。

えだが動《うご》いた？

よく見《み》たら、ナナフシが木《き》のえだのふり（擬態《ぎたい》）をしていた。

白《しろ》い貝《かい》がら？

ロウみたいでほとんど動《うご》かないけど、カイガラムシというこん虫《ちゅう》。

緑色《みどりいろ》のハンモック？

冬《ふゆ》に緑色《みどりいろ》のふくろを発見《はっけん》。すでに成虫《せいちゅう》になって、中《なか》はからだった。

葉《は》の上《うえ》にめいろが？

よくさがすと、めいろの終点《しゅうてん》にガやハエの幼虫《ようちゅう》がいた。

花《はな》がのったイカダ？

4～5月《がつ》に葉《は》の上《うえ》に花《はな》がさき、花《はな》をのせたイカダのように見《み》える。

注意《ちゅうい》

かむ虫《むし》や毒《どく》をもつ虫《むし》もいる

すを葉《は》っぱで作《つく》る虫《むし》には、たまにかみつく虫《むし》もいるので注意《ちゅうい》しよう。ススキなど細長《ほそなが》い葉《は》をおりまげてすを作《つく》る**カバキコマチグモ**は、毒《どく》のあるキバをもち、すをこわすとかみつくことがある。**コロギス**もするどいアゴをもち、つかまえるとかむことがある。

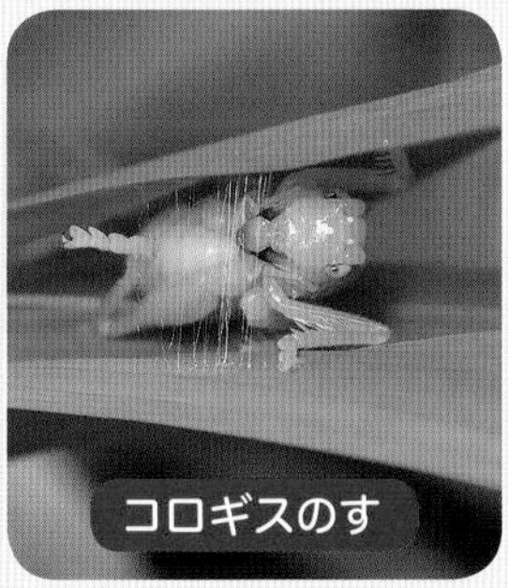

地面《じめん》

落《お》ち葉《ば》やかれ木《き》、フンなどがたまる地面《じめん》にも、いろいろな生《い》きものがすんでいます。里山《さとやま》のあちこちで地面《じめん》に目《め》を向《む》けてみましょう。

生《い》きものさがしのポイント

1 地面《じめん》で何《なに》か動《うご》くものや、何《なに》か落《お》ちているものがないか、よくさがしながら歩《ある》こう。

2 しゃがんで地面《じめん》を少《すこ》しいじってみよう。休《きゅう》けいですわっているときに、地面《じめん》にいる生《い》きものを見《み》つけることも多《おお》いよ。

3 かれ木《き》やくち木《き》（くさった木《き》）が地面《じめん》にあれば、少《すこ》しひっくり返《かえ》してみよう。生《い》きものがかくれているかもしれない（29 ページ）。

雑木林《ぞうきばやし》の地面《じめん》は、ふよう土《ど》や微生物《びせいぶつ》もゆたか。

里山《さとやま》の地面《じめん》でどんな生《い》きものをかんさつできるかな？
動物《どうぶつ》、植物《しょくぶつ》、きん類《るい》（キノコ）が区別《くべつ》できるかな？
見《み》つかった生《い》きものをならべてみました。

クリの実《み》

するどいイガの中《なか》に実《み》が入《はい》っている

シデムシ（オオヒラタシデムシ）

動物《どうぶつ》の死体《したい》を食《た》べる。体《からだ》がくさい

アリジゴク（ウスバカゲロウの幼虫《ようちゅう》のす）

ここに落《お》ちたアリは食《た》べられる

キノコ（ドクツルタケ）

これはもう毒《どく》のキノコ

どんぐりの芽生《めば》え（コナラ）

落《お》ち葉《ば》の下《した》で芽生《めば》えることが多《おお》い

ツチカメムシ

つかまえると、くさいにおいを出《だ》す

ヘビ（アオダイショウ）

緑《みどり》がかった茶色《ちゃいろ》の大《おお》きなヘビ。毒《どく》はない

サルノコシカケ（ヒイロタケ）

サルがこしかけるイスみたい？

落《お》ちた花《はな》（エゴノキ）

花《はな》が落《お》ちていたら、上《うえ》を見《み》てみよう

ハンミョウ

とんだり、地面《じめん》に止《と》まったりをくり返《かえ》す

ガのまゆ（クスサン）

すでに中身《なかみ》はからで、すけて見《み》える

モグラのあな

モグラのすがたはめったに見《み》られない

ギンリョウソウ

ほかの植物《しょくぶつ》の根《ね》に寄生《きせい》する草《くさ》

くち木《き》をいじる

かれた木《き》は、生《い》きもののかくれがだ。くち木《き》（かれてくさった木《き》）の中《なか》には、クワガタやシロアリなど、くち木《き》を食《た》べる生《い》きものがいろいろすんでいるので、少《すこ》しいじってみよう。

くさった切《き》りかぶを分《ぶん》解《かい》してみる

古《ふる》い切《き》りかぶを発見《はっけん》。少《すこ》し分解《ぶんかい》してみよう

けとばすとかんたんにくずれた。
中《なか》はくさってボロボロだ。

くち木《き》の中《なか》で何《なに》かモゾモゾ…

たぶんノコギリクワガタの幼虫《ようちゅう》

カブトムシの幼虫《ようちゅう》より小《ちい》さく、くち木《き》の中《なか》で育《そだ》つ。

おやおや、
ウンチをしたよ

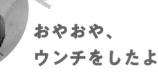

ほかにも、くち木《き》の中《なか》やまわりにすんでいる虫《むし》を、いろいろかんさつできたよ。冬《ふゆ》は、くち木《き》の中《なか》で冬《とう》みんしている虫《むし》を見《み》つけることもできる。

イシノミ

かれ木《き》の上《うえ》にいることが多《おお》い。さわると、はねる。

キマワリ

木《き》のまわりを歩《ある》きまわり、くち木《き》を食《た》べる。

ツヅミミノムシ
（マダラマルハヒロズコガの幼虫《ようちゅう》）

貝《かい》がらのようなミノの中《なか》に幼虫《ようちゅう》がいて、アリなどを食《た》べる。

シロアリ
（ヤマトシロアリ）

かれ木《き》にはたいていシロアリがすみ、木《き》を食《た》べる。

ヤスデ
（マクラギヤスデ）

くち木《き》や落《お》ち葉《ば》を食《た》べて、土《つち》に分解《ぶんかい》する。

コメツキムシの幼虫《ようちゅう》

体《からだ》はつやつやで、ややかたい。くち木《き》や土《つち》の中《なか》で見《み》つかる。

注意《ちゅうい》

マナーを守《まも》って安全《あんぜん》にいじろう

しぜんをほごしている場所《ばしょ》や、きれいにしてある場所《ばしょ》、シイタケを育《そだ》てている場所《ばしょ》などでは、くち木《き》をこわすのはやめよう。ほかの場所《ばしょ》でも、くち木《き》を**こわしすぎたり、ちらかしたりしない**ようにしよう。くち木《き》には**ムカデ**がよくいるほか、木《き》のまわりに**毒《どく》ヘビ**（38ページ）がいるおそれもあるので注意《ちゅうい》。木《き》の根元《ねもと》などに生《は》える毒《どく》キノコの**カエンタケ**は、さわるとかぶれるので注意《ちゅうい》。

ムカデ

カエンタケ

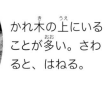

ほにゅう類《るい》のフィールドサイン

ほにゅう類《るい》は人《ひと》が近《ちか》づくとすぐにげるので、かんさつするのはむずかしい。そのかわり、地《じ》面《めん》をよくさがすと、ほにゅう類《るい》がのこしたあと（フィールドサイン）を見《み》つけられるよ。

あ、フンを食《た》べる虫《むし》だ！

近《ちか》くに動《どう》物《ぶつ》のフンや死《し》体《たい》があるかも!?

センチコガネ

センチコガネの仲《なか》間《ま》は、フンや死《し》体《たい》を食《た》べる。いろんな色《いろ》がありきれい。

タヌキ

タヌキは同《おな》じ場《ば》所《しょ》にフンをする習《しゅう》性《せい》があり、ためフンとよばれる。

近くにタヌキのためフンを発見《はっけん》！

イチョウのタネ

カキのタネ

エンマコガネ

キンバエ

イチョウやカキの実《み》を食《た》べたことがわかる。エンマコガネやキンバエも、フンや死《し》体《たい》によくあつまる。

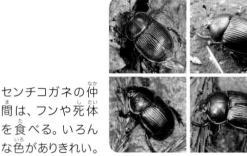

テン

テンやキツネ、イタチは、石《いし》の上《うえ》や道《みち》のまん中《なか》など、目《め》立《だ》つ場《ば》所《しょ》にフンをする。

土《つち》の上《うえ》に、2本《ほん》のツメが目《め》立《だ》つ足《あし》あとがついていた。

イノシシ

鼻《はな》で土《つち》をほり返《かえ》し、ミミズや草《くさ》の根《ね》を食《た》べる。

アナグマ

あなをほるのが得《とく》意《い》。名《な》はクマとつくが、見《み》た目《め》はタヌキにそっくり。

リスやネズミ

じょうぶな歯《は》で松《まつ》ぼっくりをかじり、中《なか》のタネを食《た》べる。

田《た》んぼ

水《みず》をためてイネを育《そだ》てる田《た》んぼには、水辺《みずべ》ならではの動物《どうぶつ》や植物《しょくぶつ》がたくさん見《み》られ、生《い》きものかんさつをとても楽《たの》しめる場所《ばしょ》です。

生《い》きものさがしのポイント

1 草《くさ》が多《おお》く、水《みず》がよくためられて、農薬《のうやく》が使《つか》われていない田《た》んぼをさがそう。そういう田《た》んぼほど、生《い》きものが多《おお》いよ。

2 田《た》んぼのまわりには、水路《すいろ》やしっ地《ち》があることも多《おお》い。そっちのほうが生《い》きものが多《おお》いこともあるので、さがしてみよう。

3 水《みず》の中《なか》の生《い》きものをかんさつするには、アミや水《すい》そう（しいくケース）があるとべんり。

ウキクサが多《おお》い田《た》んぼは、カエルや水生《すいせい》こん虫《ちゅう》が多《おお》いよ。

田《た》んぼでは、どんな生《い》きものをかんさつできるかな？
水《みず》の中《なか》、りくの上《うえ》、両方《りょうほう》でくらす生《い》きものがいるよ。
田《た》んぼで見《み》つかった生《い》きものをならべてみました。

動物《どうぶつ》

オタマジャクシ（カエルの幼生《ようせい》）
成長《せいちょう》すると足《あし》が生《は》えてくる

モノアラガイ（上《うえ》はサカマキガイ）
水《みず》の中《なか》を動《うご》き回《まわ》る小《ちい》さなまき貝《がい》

ハシリグモ
水《みず》の上《うえ》を走《はし》ることができるクモ

ゲンゴロウ（シマゲンゴロウ）
おしりにあわをつけて水《みず》にもぐる

ヤゴ（トンボの幼虫《ようちゅう》）
オタマジャクシなどを食《た》べる

ミズカマキリ
カマみたいな手《て》でえものをつかまえる

トノサマガエル
オスは一部《いちぶ》が緑色《みどりいろ》。ジャンプ力《りょく》が強《つよ》い

イモリ（アカハライモリ）
水路《すいろ》によくいる。おなかが赤《あか》い
（※イモリの体液《たいえき》が目《め》に入《はい》るときけんなので、さわったら手《て》をあらうこと）

シラサギ（ダイサギ）
田《た》んぼの小動物《しょうどうぶつ》を食《た》べる

植物《しょくぶつ》

イネ
9〜10月《がつ》ごろに米《こめ》がしゅうかくできる

ウキクサ
水《みず》にういて水中《すいちゅう》に根《ね》をたらす

レンゲ
春《はる》にピンクの花《はな》がたくさんさく

水辺《みずべ》のふしぎなもの

田《た》んぼのまわりの水辺《みずべ》では、生《い》きもののたまごや、変《か》わった草《くさ》など、ふしぎなものがよく見《み》つかるよ。いろいろかんさつして調《しら》べてみて、その正体《しょうたい》をつきとめよう。

水《みず》の中《なか》にたまごを発見《はっけん》！

5月《がつ》の田《た》んぼの水路《すいろ》で、何《なに》かふわふわしたものを見《み》つけた。

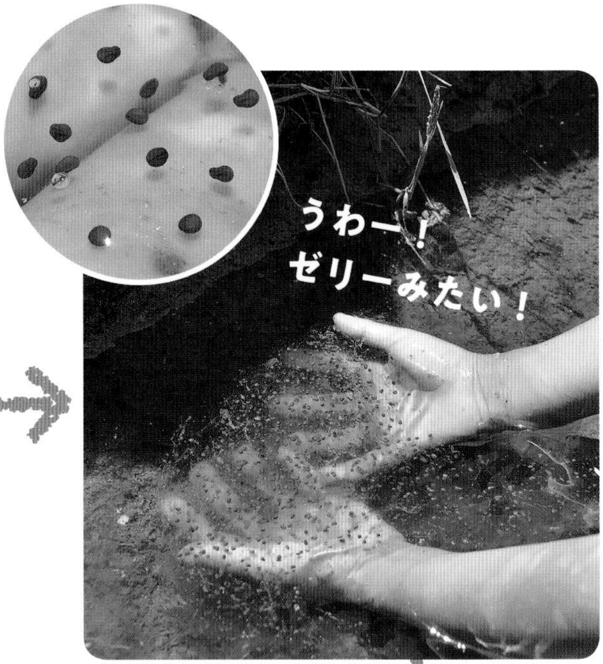

さわってみると、ぬるぬるしたとうめいの物体《ぶったい》の中《なか》に、黒《くろ》いたまごがたくさん見《み》え、次々《つぎつぎ》とオタマジャクシが生《う》まれていた！

ぬしは…

このカエルのたまごだった！　イボガエルともよばれるけど、さわるとイボができるわけではないよ。

豆《まめ》知《ち》識《しき》 オタマジャクシが死《し》にそう

最近《さいきん》は、イネの育《そだ》ちをよくするため6〜7月《がつ》に水《みず》をぬく（中《なか》ぼし）田《た》んぼがふえ、オタマジャクシなどがひからびて大量《たいりょう》に死《し》ぬことがふえている。

ぬしは…

田《た》んぼの水《みず》ぎわに、白《しろ》い
つぶつぶの入《はい》ったあわが？

シュレーゲルアオガエル

少《すこ》し大《おお》きな緑色《みどりいろ》のカエルのたまごだった！

ぬしは…

水路《すいろ》のコンクリートのかべに
ついたピンクの物体《ぶったい》は？

ジャンボタニシ（スクミリンゴガイ）

南《みなみ》アメリカ原産《げんさん》の大《おお》きなタニシのたまごだった！

正体《しょうたい》は…

しっ地《ち》に生《は》えていた草《くさ》に
ソーセージがささっている？

ガマのほ（実）

じゅくすと、わたのようになってとぶよ。

注意《ちゅうい》

田《た》んぼのかんさつで気《き》をつけること

◆田《た》んぼは持《も》ちぬしの人《ひと》が管理《かんり》しているので、**勝手《かって》に中《なか》に入《はい》らない**ようにし、あぜ道《みち》をこわしたり、水《みず》を調節《ちょうせつ》する板《いた》を動《うご》かしたりしないようにしよう。

◆田《た》んぼに入《はい》りたい場合《ばあい》は、**持《も》ち主《ぬし》の人《ひと》に聞《き》いて**、きょかをもらおう。田《た》んぼの土《つち》は足《あし》が深《ふか》くはまるので、ころばないように気《き》をつけよう。

◆田《た》んぼには、殺虫剤《さっちゅうざい》や除草剤《じょそうざい》などの**農薬《のうやく》**がまかれることも多《おお》いので、農《のう》薬《やく》が多《おお》い田《た》んぼや、農薬《のうやく》がまかれた直後《ちょくご》は近《ちか》づかないようにしよう。

◆田《た》んぼには毒《どく》ヘビの**マムシ**（38ページ）、皮《ひ》ふについて血《ち》をすう**ヒル（チスイビル）**、つかまえるとさすことのある**マツモムシ**もいるので注意《ちゅうい》しよう。

◆**イモリ**や**カエル**をさわったあとは、体液《たいえき》が手《て》につくので手《て》をあらおう。

チスイビル

マツモムシ

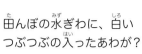

ホタルをさがそう

水《みず》がきれいで、農薬《のうやく》の使用《しよう》が少《すく》ない川《かわ》や田《た》んぼには、ホタルがすんでいる。5～8月《がつ》の夜《よる》、ホタルの成虫《せいちゅう》はおしりを黄緑色《きみどりいろ》に光《ひか》らせ、点《てん》めつしながら美《うつく》しくとぶよ。

川《かわ》の橋《はし》の下《した》

田《た》んぼの水路《すいろ》

ゲンジボタル

長《なが》さ1～2㎝で大《おお》きい。
おもに5～6月《がつ》に見《み》られ、光《ひかり》が強《つよ》い。
川《かわ》や水路《すいろ》など、流《なが》れる水辺《みずべ》にすむ。

ため池《いけ》の上《かみ》

ヘイケボタル

長《なが》さ約《やく》1㎝で小《ちい》さい。
6～8月《がつ》に見《み》られ、光《ひかり》は弱《よわ》い。
田《た》んぼやしっ地《ち》など、たまった水辺《みずべ》にすむ。

ホタルのかんさつ

光《ひかり》の強《つよ》いゲンジボタルのかんさつがおすすめ。ゲンジボタルがよくとぶのは、5～6月《がつ》の夜《よる》7時《じ》半《はん》～9時《じ》ごろ。風《かぜ》が弱《よわ》く、しめり気《き》のある日《ひ》がベストだ。草木《くさき》がしげった水辺《みずべ》で、まっ暗《くら》な場所《ばしょ》をさがし、電気《でんき》を消《け》して、ホタルが光《ひか》っていないかさがしてみよう。

ホタルがすむかんきょう

ホタルの幼虫《ようちゅう》は水《みず》の中《なか》にすみ、コンクリートでかためられた水辺《みずべ》では生《い》きていけない。ホタルをかんさつするには、昼間《ひるま》のうちに、ホタルがすめる以下《いか》のようなかんきょうをさがしておこう。

1 川《かわ》や田《た》んぼ、しっ地《ち》などのあさい水辺《みずべ》で、岸《きし》に土《つち》があり、草《くさ》がよく生《は》えている。

2 しゅういにしぜんの草《くさ》むらや林《はやし》が多《おお》く、外灯《がいとう》やまちの明《あ》かりが少《すく》ない。

3 ホタルの幼虫《ようちゅう》のエサとなる、カワニナやタニシ、モノアラガイなどの貝《かい》がすんでいる。

カワニナはきれいな川《かわ》のそこにすむまき貝《がい》で、ゲンジボタルの幼虫《ようちゅう》が好《この》んで食《た》べる。

注意《ちゅうい》

ホタルのかんさつで気《き》をつけること

◆夜《よる》の外出《がいしゅつ》はきけんなので、かならず大人《おとな》といっしょに行《い》こう。
◆暗《くら》い場所《ばしょ》はライトをつけて歩《ある》こう。ただし、ホタルは光《ひかり》が苦手《にがて》なので、必要以上《ひつよういじょう》につけないこと。
◆ホタルは、数《かず》が少《すく》ない生《い》きものなので、持《も》ち帰《かえ》らないようにしよう。

注《ちゅう》意《い》 里《さと》山《やま》のきけん物《ぶつ》

× 特《とく》にきけん
△ ややきけん

しぜんかんさつをするとき、かならず知《し》っておきたいのが、きけんな生《い》きものなどです。里《さと》山《やま》には、かぶれる木《き》や、有毒《ゆうどく》の植物《しょくぶつ》、有毒《ゆうどく》の虫《むし》やヘビ、大型《おおがた》のほ乳類《にゅうるい》など、さまざまなきけん生物《せいぶつ》も見《み》られます。それぞれの特《とく》ちょうを覚《おぼ》えて気《き》をつけ、ひがいにあった場合《ばあい》は大人《おとな》に知《し》らせ、症状《しょうじょう》がひどいときはすぐに病院《びょういん》に行《い》ったり、くすりを使《つか》ったりしましょう。

ウルシやハゼノキ

きけん性《せい》／ヤマウルシ、ハゼノキ、ツタウルシなどウルシ科《か》の木《き》は、枝葉《えだは》をきずつけると白《しろ》いしるが出《で》て、皮《ひ》ふにつくとひどくかぶれる。**見《み》られる場所《ばしょ》**／明《あか》るい林《はやし》に生《は》える。**対策《たいさく》**／葉《は》の特《とく》ちょう（鳥《とり》の羽《はね》のように小《ちい》さな葉《は》がならんだ形《かたち》や、3まいセットのつる）を覚《おぼ》え、しるがついた場合《ばあい》はすぐにあらい、かぶれたらくすりをぬる。

ヤマウルシ

ツタウルシ

有毒植物《ゆうどくしょくぶつ》

きけん性《せい》／実《み》や根《ね》、葉《は》などに毒《どく》をふくむ植物《しょくぶつ》を食《た》べると、おうと、げり、腹痛《ふくつう》、頭痛《ずつう》などをおこし、最悪《さいあく》の場合《ばあい》、死亡《しぼう》する。**主《おも》な有毒植物《ゆうどくしょくぶつ》**／マムシグサやヒヨドリジョウゴ（17ページ）、シキミ、ミヤマシキミなど。山地《さんち》では毒《どく》の強《つよ》いドクウツギやヒョウタンボクもまれに生《は》える。**対策《たいさく》**／さわるだけなら平気《へいき》だが、知《し》らない植物《しょくぶつ》は口《くち》にしないこと。

シキミ

ミヤマシキミ

ドクウツギ

ヒョウタンボク

有毒《ゆうどく》のヘビ

きけん性《せい》／毒《どく》のあるきばでかまれると、命《いのち》のきけんもある。ヤマカガシは首《くび》の後《うし》ろからも毒《どく》が出《で》て、目《め》に入《はい》るときけん。**見《み》られる場所《ばしょ》**／ヤブ、石《いし》のすきま、じめじめした場所《ばしょ》など。**対策《たいさく》**／毒《どく》ヘビがいないかよく注意《ちゅうい》し、いてもつかまえようとしない。むやみにヤブに入《はい》らない。かまれたら救急車《きゅうきゅうしゃ》をよび、ポイズンリムーバー※などで毒《どく》をぬく。

マムシ

ヤマカガシ

ハチ

きけん性《せい》／おしりに毒《どく》ばりをもち、さされるととても痛《いた》く、はれる。特《とく》にアシナガバチやスズメバチは攻撃的《こうげきてき》で毒《どく》も強《つよ》い。見《み》られる場所《ばしょ》／樹液《じゅえき》、花《はな》、果実《かじつ》、ヤブ、屋根《やね》の下《した》、木《き》のうろなど。対策《たいさく》／見《み》つけたらしずかにはなれる。特《とく》に、すに近《ちか》づかない。さされたら、ポイズンリムーバー※などで毒《どく》をぬき、ひやす。ミツバチやクマバチは、いたずらしなければささない。

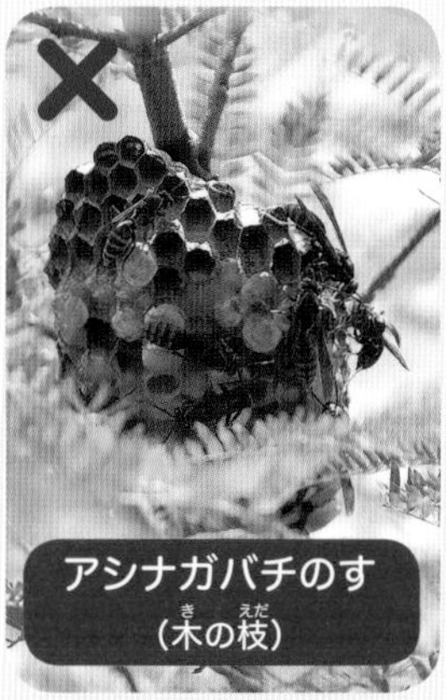
アシナガバチのす
（木《き》の枝《えだ》）

スズメバチのす
（屋根《やね》の下《した》）

スズメバチのす
（木《き》の根元《ねもと》）

有毒《ゆうどく》の虫《むし》

きけん性《せい》／イラガは毒《どく》のある毛《け》をもち、さされるととても痛《いた》く、はれる。ドクガは毒《どく》の毛《け》がつくとかぶれ、幼虫《ようちゅう》だけでなく成虫《せいちゅう》やたまごも毒《どく》の毛《け》をもつ。アオバアリガタハネカクシは、つぶすと体液《たいえき》でかぶれる。見《み》られる場所《ばしょ》／草木《くさき》の枝葉《えだは》の上《うえ》やうらがわなど。対策《たいさく》／植物《しょくぶつ》をさわるときは注意《ちゅうい》する。ドクガにさされたら、テープをあてるか水《みず》あらいして毒《どく》の毛《け》をとり、かかないこと。

イラガの幼虫《ようちゅう》
（クロシタアオイラガ）

ドクガの幼虫《ようちゅう》

アオバアリガタ
ハネカクシ

イノシシやクマ

きけん性《せい》／急《きゅう》に出《で》あった場合《ばあい》、おどろいてかみつかれたり、ツメでこうげきされることがある。見《み》られる場所《ばしょ》／山《やま》おくに多《おお》いが、エサをさがして里山《さとやま》に来《く》ることもある。夕方《ゆうがた》や夜《よる》、早朝《そうちょう》によく活動《かつどう》する。対策《たいさく》／うす暗《ぐら》い時間《じかん》に林《はやし》に近《ちか》づかない。音《おと》を出《だ》して人《ひと》の存在《そんざい》を知《し》らせる。出《で》あった場合《ばあい》は、ゆっくり後《うし》ろに下《さ》がってにげる。

イノシシ

クマ（ツキノワグマ）

動物用《どうぶつよう》のさくやわな

きけん性《せい》／イノシシやシカよけの電気《でんき》さく（田畑《たはた》をかこう、はり金《がね》の入《はい》った細《ほそ》いひも）は、さわると電気《でんき》が流《なが》れてきけん。わなは、人《ひと》がつかまる場合《ばあい》や、近《ちか》くに動物《どうぶつ》がいる可能性《かのうせい》があり、きけん。見《み》られる場所《ばしょ》／電気《でんき》さくは田畑《たはた》のまわり。わなは林《はやし》のまわりなど。対策《たいさく》／電気《でんき》さくやわながあったら、さわらないようにする。

電気《でんき》さく

イノシシ用《よう》のはこわな

※ポイズンリムーバー：毒《どく》をすい出《だ》すスポイトのような道具《どうぐ》。

あとがき

　私《わたし》は山口県《やまぐちけん》の里山《さとやま》に育《そだ》ち、18 才《さい》からは東京近郊《とうきょうきんこう》の街中《まちなか》に住《す》んでいました。28 才《さい》の時《とき》、神奈川県秦野市《かながわけんはだのし》の里山《さとやま》に引《ひ》っ越《こ》し、畑《はたけ》を始《はじ》めると、子《こ》どもの時《とき》に見《み》ていた虫《むし》にたくさん再会《さいかい》して感激《かんげき》したものです。32 才《さい》で山口県《やまぐちけん》にもどり、田《た》んぼで米作《こめづく》りをしました。その時《とき》の私《わたし》の姿《すがた》が、里山《さとやま》マップ（5 ページ）の棚田《たなだ》の下段《げだん》に描《えが》かれています。このマップは私《わたし》の故郷《こきょう》がモデルです。

　しかし、里山《さとやま》の環境《かんきょう》は刻々《こっこく》と変化《へんか》しています。昔《むかし》、石垣《いしがき》や草木《くさき》に囲《かこ》われていた川《かわ》には、ホタルがたくさんいましたが、今《いま》はコンクリートで固《かた》められ、ずいぶん減《へ》りました。除草剤《じょそうざい》がまかれて、不自然《ふしぜん》に枯《か》れた草《くさ》むらもよく見《み》かけます。カメムシがイネについて米《こめ》が黒《くろ》くなるのを防《ふせ》ぐために、殺虫剤《さっちゅうざい》（ネオニコチノイド）をまく田《た》んぼも多《おお》く見《み》られます。そのためにミツバチが大量死《たいりょうし》しているのをはじめ、生態系《せいたいけい》や人間《にんげん》にも悪影響《あくえいきょう》が出《で》ています。

　私《わたし》たちにとって何《なに》がいちばん大事《だいじ》なのか、最適《さいてき》な解決法《かいけつほう》は何《なに》なのか、自然観察《しぜんかんさつ》を通《とお》して、多《おお》くの人《ひと》に考《かんが》えてほしいと思《おも》っています。

文・写真　**林 将之**（はやし まさゆき）

1976 年、山口県田布施町生まれ。樹木図鑑作家。編集デザイナー。千葉大学園芸学部卒業。幼少時から自然が好きで、虫や魚の観察や飼育に没頭。大学では造園設計を専攻。木の名前を調べるのに苦労した経験をきっかけに、葉で樹木を見わける方法を独学し、実物の葉をスキャナで取り込む方法を発見。全国の森をまわって葉を収集しつつ、鳥や動物の観察も行っている。木や自然について、初心者にも分かりやすく伝えることをテーマに、執筆活動、調査、観察会などに取り組む。主な著書に『校庭のかんさつ』『五感で調べる 木の葉っぱずかん』（ほるぷ出版）、『葉で見わける樹木』（小学館）、『樹木の葉』（山と溪谷社）、『樹皮ハンドブック』『紅葉ハンドブック』『昆虫の食草・食樹ハンドブック（共著）』（文一総合出版）、『葉っぱで調べる身近な樹木図鑑』（主婦の友社）、『葉っぱはなぜこんな形なのか？』（講談社）など多数。樹木鑑定 web サイト『このきなんのき』を運営し、木の名前の質問を受け付けている。

[ブックデザイン] 西田美千子
[DTP] 林 将之
[イラスト] 平田美紗子
[昆虫指導] 森上信夫
[写真提供] 森上信夫（マツムシ、コクワガタ雄、キシタバ、ウスタビガ成虫）
[取材協力] 林 あろ、中村 進
[参考文献]『昆虫探検図鑑 1600』（全国農村教育協会）、『哺乳類のフィールドサイン観察ガイド』（文一総合出版）

見よう、せまろう、とびだそう！
しぜんガイドブック
里山のかんさつ
2020 年 2 月 20 日　第 1 刷発行

著　者　林 将之
発行者　中村宏平
発　行　株式会社ほるぷ出版
　　　　〒101-0051　東京都千代田区神田神保町 3-2-6
　　　　電話 03-6261-6691　FAX 03-6261-6692
印　刷　共同印刷株式会社
製　本　株式会社ハッコー製本

ISBN978-4-593-58834-3/NDC460/40P/270×210mm

Printed in Japan
乱丁・落丁がありましたら、小社営業部宛にお送りください。送料小社負担にてお取り替えいたします。